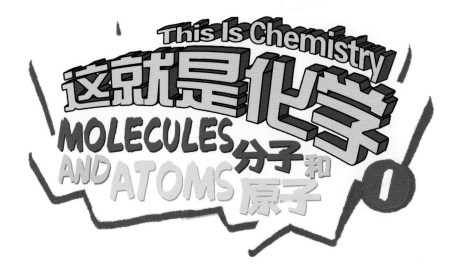

This Is Chemistry

这就是化学

MOLECULES AND ATOMS 分子和原子 ①

米莱童书 著绘

中信出版集团 | 北京

推荐序

    非常高兴向各位家长和小朋友推荐"这就是化学"科普丛书。这是一套有趣的化学漫画书，它不同于传统的化学教材，而是用孩子们乐于接受的漫画形式来普及化学知识。这套丛书通过生动的画面、有趣的故事，结合贴近日常生活的场景，在轻松、愉悦的氛围中传授知识，深入浅出，寓教于乐。它不仅能够帮助孩子初步认识化学，还能引导他们关注身边的化学现象，培养对化学的浓厚兴趣。

    化学是一个美丽的学科。世界万物都是由化学元素组成的。化学有奇妙的反应，有惊人的力量，它看似平淡无奇，却在能源、材料、医药、信息、环境和生命科学等研究领域发挥着其他学科不可替代的作用。学习化学是一个神奇且充满乐趣的过程，你会发现这个世界每时每刻都在发生奇妙的化学变化，万事万物都离不开化学。世界上的各种变化不是杂乱无章的，而是有其内在的规律，都被各种化学反应式在背后"操控"。学习化学就像是"探案"，有实验室里见证奇迹的过程，也有对实验结果的演算分析。

    化学所涉及的知识与我们的日常生活息息相关，化学变化和化学反应在我们的身边随处可见。在这套科普绘本里，作者用新颖的形式带领孩子探究隐藏在身边的"化学世界"：铁钉为什么会生锈？苹果是如何变成苹果醋的？蜡烛燃烧之后变成了什么？为什么洗洁精可以洗净油污？用什么东西可以除去水壶里的水垢？……这些探究真相的过程，可以培养孩子学习化学知识的兴趣，也是提高科学素养的过程。

    愿孩子们能从这套书中收获化学知识，更能收获快乐！

        中国科学院院士，高分子化学、物理化学专家　李永舫

目 录

什么是分子 ·· 2

不同的分子 ·· 6

分子的运动 ·· 8

什么是原子 ·· 12

原子的结构 ·· 16

离子 ··· 20

电子 ··· 24

化学键 ·· 26

原子的质量 ·· 28

原子蕴藏的能量（核裂变和核聚变）······················· 30

总结 ··· 34

思考 ··· 35

问答收纳盒 ·· 36

思考题答案 ·· 36

什么是分子

很久以前，学者们就在思考一个问题：**物质是由什么构成的？**
　　他们提出了一个构想，认为物质是由肉眼看不到的微小粒子构成的。后来，这个构想被证实了。世界的确是由微粒构成的。什么是微粒？比如……

大家好，我叫**分子**！

我是一种**微粒**，是很小很小的小不点儿。

我太小了，通常你是看不见我的。

分子很小，但通过一些先进的**科学仪器**，可以清楚地看到。

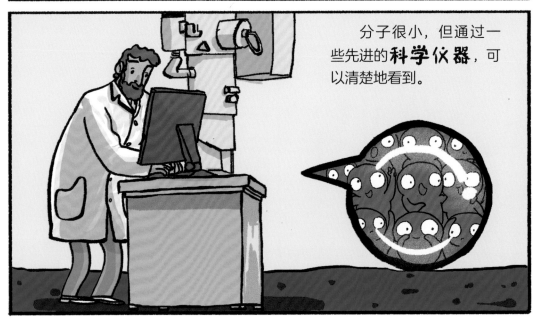

我们的眼睛虽然看不到分子，但分子**无处不在**。

在你周围的东西里，几乎都可以找到我。

生活中常见的**水**，就是由无数的**水分子**构成的。

人们呼吸的**空气**里，有许多不同的**气体分子**。

物质中的分子排列得密密麻麻，但分子与分子之间也有**间隔**。气态物质分子间的间隔比较大，液态物质分子间的间隔次之，固态物质分子间的间隔比较小。

气体

水

铝

我们这边**密度小**。

我们这边**密度大**。

分子与分子间的间隔，还与**温度**有关。

受热时，分子间的间隔会增大，物体就会膨胀。

太热了，离远点。

遇冷时，分子间的间隔会减小，物体就会缩小。

太冷了，抱紧点。

不同的分子

不同分子的结构也**各不相同**。

有的分子是**直线形**的。

有的分子是**V形**的。

还有**三角锥形、四面体形和八面体**形的。

分子的运动

分子很不安分，它一直在做**毫无规则的运动**。

我就是喜欢这样不停地乱跑。

分子的运动，你可以"**闻到**"。当你走过花圃，闻到花香，就是因为分子在运动。

香味分子通过运动进入空气，然后被你吸进鼻子里！

分子的运动，你可以"**尝到**"。

把糖块放进一杯水里，糖分子分布在水中，水就会变甜！这也是**分子运动**的结果。

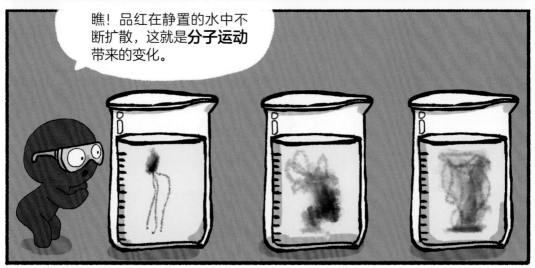

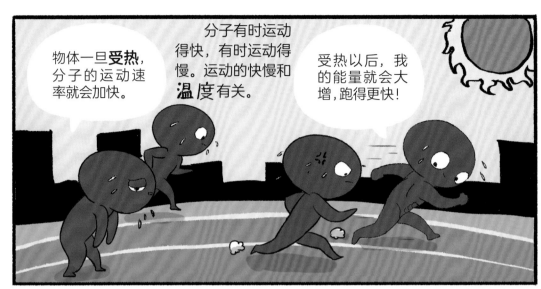

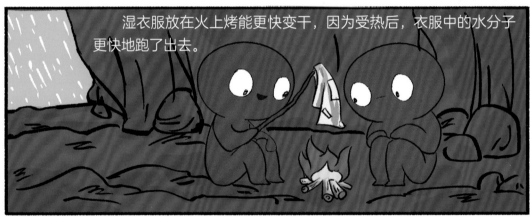

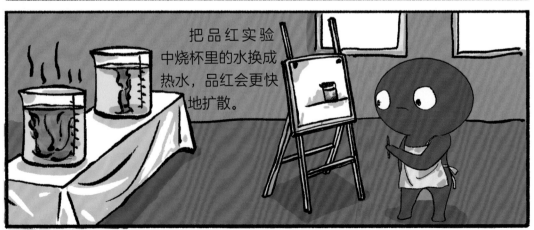

分子之间存在着**引力**，当拉伸、折断物体时，你就能感受到这种力。

使劲拉……拉不断！

粉笔可以在黑板上写字，胶水可以把东西粘在一起，两个光滑的铅块压紧后会粘在一起，就是因为**分子之间的引力**在起作用。

使劲挤……挤不动！

同时，分子之间也存在着**斥力**，当压缩物体时，你就能感受到这种力。

木头、石块、水很难被压缩，就是因为**分子之间的斥力**在起作用。

11

什么是原子

你有没有想过一个问题：

把一块糖分成两半，每一半会是什么？

你肯定知道，分开的糖，还是糖，是甜的。

如果继续分下去，一直分下去，直到分成一个个**糖分子**（如果可以的话）……

即使是一个肉眼看不到的糖分子，它依然是糖，还是甜的。

这些糖分子还可以继续分割吗？如果可以，再分割会变成什么样呢？

分子可以分成更小的**原子**。

分子可以在化学变化中变成其他不同的分子。比如，氢气分子和氧气分子发生反应，先分成氢原子和氧原子，然后 2 个氢原子和 1 个氧原子结合，形成**水分子**。

在化学变化中，**原子不能再分**，而分子会变成其他分子。

原子的结构

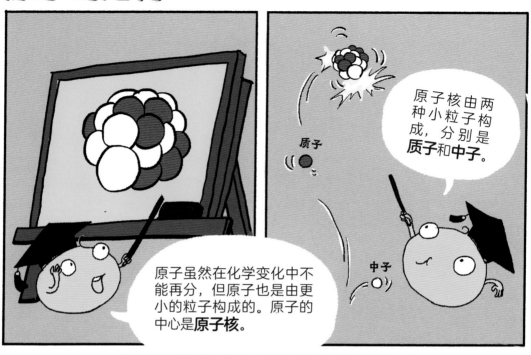

原子虽然在化学变化中不能再分，但原子也是由更小的粒子构成的。原子的中心是**原子核**。

原子核由两种小粒子构成，分别是**质子**和**中子**。

质子

中子

在原子核的外围，还有更小的**电子**，它们绕着原子核不停地运动。

电子

原子的结构究竟是什么样的呢?

1803 年,有人曾提出:原子的结构很简单,就是一个实心的小球。

这种原子模型叫作**实心球模型**。

这种原子模型叫作**葡萄干蛋糕模型**。

1904 年,又有科学家提出:原子其实像一块葡萄干蛋糕,电子就像一个个的葡萄干那样,镶嵌在一个球上。

1911 年,又有人提出:原子的大部分是**空的**,它的中心是一个很小的原子核,核外电子按一定轨道围绕原子核运动。这种模型就像行星绕太阳运动一样。

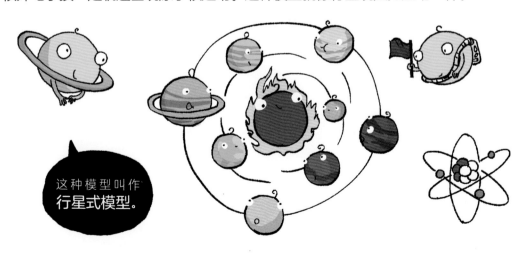

这种模型叫作**行星式模型**。

在行星式模型的基础上，科学家玻尔又提出了一种原子结构模型。仔细看一下这种模型就会发现，电子运行的轨道被分为了好几层，电子在**固定**的层上运动。

这种模型叫作**玻尔模型**。

这种模型叫作**电子云模型**。那些电子可能出现位置的点集，像不像一团云？

后来又有科学家提出电子在原子核外很小的空间内做高速运动，它们的运动轨迹非常杂乱，毫无规律可循。瞧瞧这张图，上面密密麻麻的黑点，就是电子运动时可能出现的地方。

如果将原子看作一个体育场，原子核只有体育场中的一只蚂蚁那么大，剩下的空间都是电子运动的"地盘"。

电子有能量，离原子核近的电子，能量比较低，离原子核越远的电子，能量越高。

离子

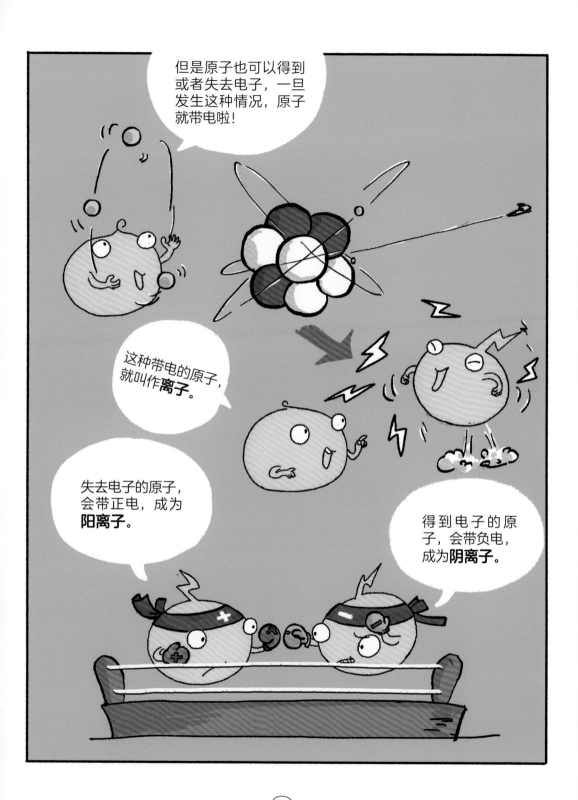

电子很喜欢运动。特定条件下，它们会集体定向移动，就会形成我们平常所说的**电**。

呲！

呲！

呲！

我们来玩一个小游戏，把一块薄铜片和一块薄锌片插进一个苹果中。

会发生什么？

看起来似乎没什么特别的。但如果用两根导线，一头连接锌片和铜片，另一头连着发光二极管，会有什么现象？

发光二极管亮了，说明插在苹果中的铜片和锌片之间产生了**电**。

这和铜锌原电池产生电的道理一样。我们把苹果换成稀硫酸，来一场大揭秘。

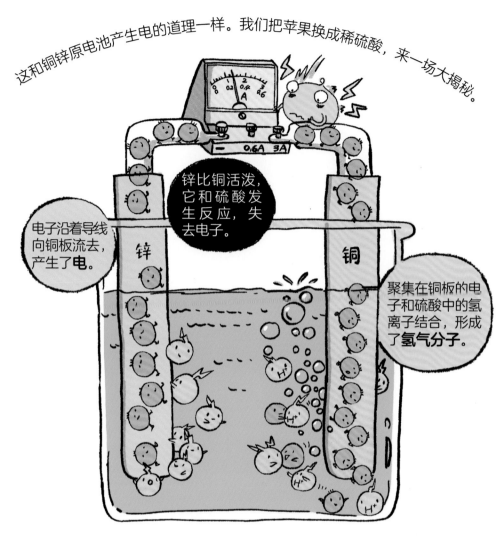

锌比铜活泼，它和硫酸发生反应，失去电子。

电子沿着导线向铜板流去，产生了**电**。

聚集在铜板的电子和硫酸中的氢离子结合，形成了**氢气分子**。

锌

铜

铜锌原电池中，锌板是电池的负极，铜板是电池的正极。其他原电池产生电的原理，和它是一样的。

电子

有的原子中的电子数量很少，就只有1层，这一层的电子数不超过2个。

氢原子只有1个电子层，只有1个电子。

核外电子的运动杂乱无规律，但它们在原子核外却很有规矩地一层层排列。

电子层最多的有7层。

电子层从内到外，能量越来越高，而电子的排列总是先排布到能量低的层上去。

如果内层有了空位，外层的电子就会释放一部分能量跑到内层去。

在外面跑太累，还是进去跑舒服。

最外层的电子数不会超过 8 个（只有 1 层的，电子数不超过 2 个）。最外层有 8 个电子的原子比较稳定，不容易与其他物质发生反应。

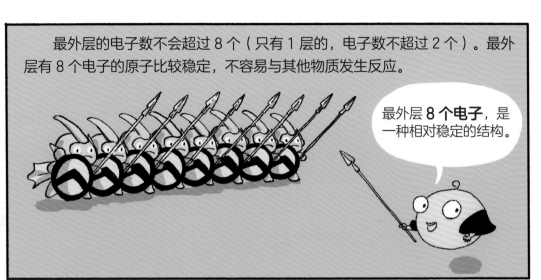

最外层 **8 个电子**，是一种相对稳定的结构。

最外层电子少于 4 个的原子，在反应中容易失去电子；最外层电子多于 4 个的原子，在反应中容易得到电子。

一个人真的好孤单！

嘿，伙计，快过来吧，加入我们。

钠原子最外层只有 1 个电子，氯原子最外层有 7 个电子。它们发生反应时，钠原子最外层的电子就会转移到氯原子上。

你走开最好，这样我就可以形成稳定结构。

我需要你，有了你，我也能形成稳定结构。

分子中相邻的离子和离子间或原子和原子间都存在着作用力，这种作用力称为化学键。

钠原子被氯原子夺走一个电子，二者分别形成了带正电的**钠离子**和带负电的**氯离子**。

它们因为带有相反的电荷而产生了**离子键**，相互吸引并结合在一起，形成了**氯化钠**。

原子和原子之间，会因为共同使用外层电子对而形成相互作用的**共价键**。

一个氢气分子由两个氢原子构成，两个氢原子共同分享一对电子，形成了稳定结构。

我们把各自唯一的**电子**拿出来共用。

氯化氢分子由氢原子和氯原子构成，它们之间也共用一对电子，氢原子和氯原子分别形成稳定结构。

氢原子和氯原子分别拿出一个**电子**共用。

原子的质量

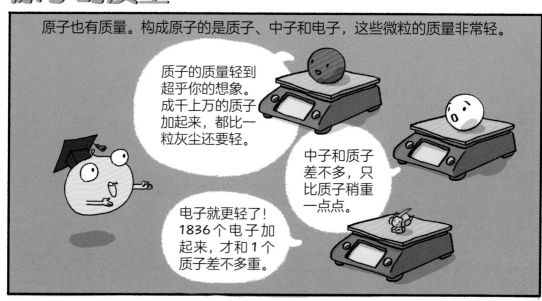

原子也有质量。构成原子的是质子、中子和电子，这些微粒的质量非常轻。

质子的质量轻到超乎你的想象。成千上万的质子加起来，都比一粒灰尘还要轻。

中子和质子差不多，只比质子稍重一点点。

电子就更轻了！1836个电子加起来，才和1个质子差不多重。

原子的质量主要集中在**原子核**上。

电子的质量实在是太小了，
与质子和中子比起来，几乎可以忽略不计。

原子的质量实在太小了，写起来、用起来都很不方便，人们就想了个办法，把一种**碳原子质量的十二分之一**作为标准，其他原子的实际质量与它比较得到相对原子质量。

H

氢原子只有一个质子，它的相对原子质量大约是1。

1.008

He

氦原子有两个质子，两个中子，它的相对原子质量大约是4。

4.003

O

氧原子的相对原子质量约是16。

15.999

C

碳原子的相对原子质量约是12。

12.011

Fe

平时常见的铁的原子，它的相对原子质量约为56。

55.847

原子蕴藏的能量（核裂变和核聚变）

　　原子能也称核能，是原子核发生变化时释放出的能量。铀235原子的原子核被中子轰击后，会**裂变**成几个较小的原子核。同时，它会发射几个中子，并释放出能量。发射出去的中子会继续轰击其他铀235原子核，形成**链式反应**。

只有像铀这种质量较大的**原子核**才能发生核裂变。

核裂变产生的能量**巨大**。1千克的铀裂变产生的能量超过2000吨煤炭完全燃烧时释放的能量。

世界上许多国家建立起**核电站**，用核能发电。

核裂变能够产生巨大的能量，人们利用它发明了**原子弹**。

原子弹爆炸的威力非常大，能够产生强大的冲击波和**核辐射**。

它的破坏力惊人，是非常危险的武器，不能轻易使用。

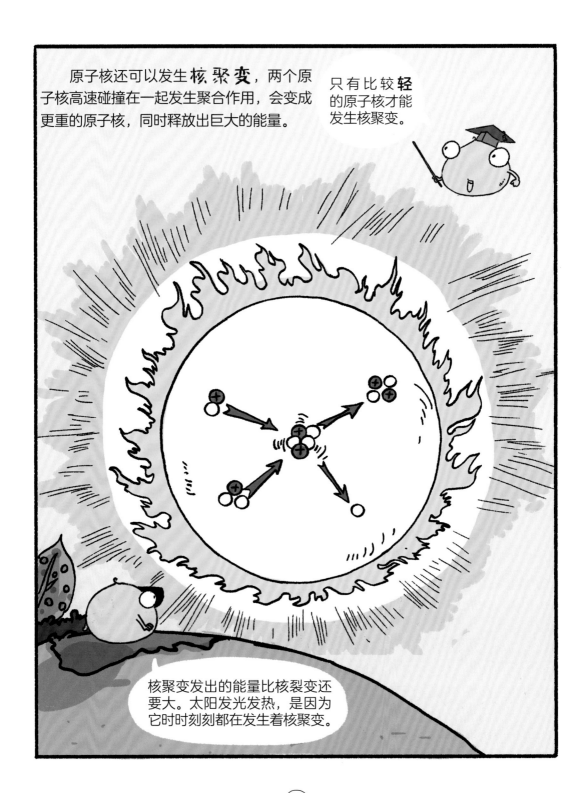

原子核还可以发生**核聚变**，两个原子核高速碰撞在一起发生聚合作用，会变成更重的原子核，同时释放出巨大的能量。

只有比较**轻**的原子核才能发生核聚变。

核聚变发出的能量比核裂变还要大。太阳发光发热，是因为它时时刻刻都在发生着核聚变。

人们利用核聚变，发明了比原子弹威力更大的**氢弹**。

相比核裂变，核聚变的不可控性更高。

但人们一直在为如何利用核聚变做着努力。

总结

来看看我们**认识**了哪些化**学**朋友。

分子

原子

电子

离子

问答收纳盒

什么是分子?　分子是保持物质化学性质的最小粒子。糖块可以分成数不清的糖分子,每一个糖分子都是甜的。

什么是原子?　原子是化学变化中的最小粒子。一个糖分子还可以再被分成一些原子,但分成原子之后就不再是甜的了。这些原子可以重新组合,变成其他的分子。

原子还可以再分吗?　原子由原子核以及围绕原子核运动的电子构成,而原子核又是由质子和中子构成的。

什么是离子?　当一个原子得到电子或失去电子的时候,就会变成带电的离子。得到电子的原子叫阴离子,带负电;失去电子的原子叫阳离子,带正电。

什么是相对原子质量?　由于原子的质量太小,不便于书写和记忆,于是人们规定了相对原子质量。以一种碳原子质量的十二分之一作为标准,其他原子的实际质量与它相比较得出的数值,就是原子的相对原子质量。

什么是核裂变?　原子核被轰击后,裂变成几个较小的原子核,同时释放中子和能量。

什么是核聚变?　两个原子核高速碰撞在一起发生聚合作用,变成更重的原子核,同时释放出能量。

思考题答案

第 35 页　电子＜氧原子＜水分子＜乒乓球

作者团队

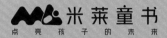

米莱童书，由国内多位资深童书编辑、插画家组成的原创
童书研发平台，"中国好书"大奖得主、"桂冠童书"得
主、中国出版"原动力"大奖得主。现为中国新闻出版业
科技与标准重点实验室（跨领域综合方向）授牌的中国青
少年科普内容研发与推广基地，致力于对传统童书进行内
容与形式的升级迭代，开发一流原创童书作品，使其更加
适应当代中国家庭的阅读与学习需求。

专家团队

李永舫　中国科学院院士，高分子化学、物理化学专家
　　　　作序推荐
张　维　中科院理化技术研究所研究员，抗菌材料检测中
　　　　心主任　审读、推荐
亓玉田　北京市化学高级教师、省级优秀教师、北京市青
　　　　少年科技创新学院核心教师　知识脚本创作

创作组成员

特约策划：刘润东
统筹编辑：于雅致　陈一丁　王晓北
绘画组：辛颖　孙振刚　鲁倩纯　徐烨　杨琪　霍霜霞
美术设计：刘雅宁　董倩倩　张立佳　马司雯　胡梦雪

图书在版编目（CIP）数据

分子和原子 / 米莱童书著绘 . -- 北京：中信出版
社 , 2023.12（2024.12重印）
（这就是化学）
ISBN 978-7-5217-6006-4

Ⅰ . ①分… Ⅱ . ①米… Ⅲ . ①化学－少儿读物 Ⅳ .
① O6-49

中国国家版本馆 CIP 数据核字（2023）第 171264 号

分子和原子
（这就是化学）

著　　绘：米莱童书
特邀总策划：刘润东
版式设计：米莱童书
制　　作：北京易书有道文化有限公司
出版发行：中信出版集团股份有限公司
　　　　　（北京市朝阳区东三环北路27号嘉铭中心　邮编　100020）
承 印 者：北京尚唐印刷包装有限公司

开　　本：889mm×1194mm　1/16　　印　　张：20　　字　　数：400千字
版　　次：2023年12月第1版　　　　印　　次：2024年12月第8次印刷
书　　号：ISBN 978-7-5217-6006-4
定　　价：200.00元（全8册）

出　　品：中信儿童书店
图书策划：火麒麟
策划编辑：范萍 王平 马月敏
责任编辑：曹威
营销编辑：杨扬

服 务 热 线：400-600-8099
投 稿 邮 箱：author@citicpub.com